台灣ETF教父劉宗聖

簡單搞懂

ETF

實／戰／操／作

劉宗聖◎著

第3篇

ETF投資實戰──理財真的不複雜，只要用對工具、熟悉策略、落實紀律就行了

課後學習

ETF投資策略

理財真的有那麼難嗎？

投資的問題

兩大重點	擇股、擇時
三個面向	報酬、風險、成本
四大問題	當前投資的四大問題：

四大問題　當前投資的四大問題：

➢不知如何選擇類股

➢不知如何選擇個股

➢不知如何選擇基金

➢共同基金長期表現不穩定

 元大寶來投信 Yuanta Funds

 Note

名詞解釋

滬港通

滬是指上海證券交易所，港是指香港交易所，滬港通是指 2 個交易所互聯互通，兩地投資者通過當地券商，可以買賣規定範圍內的對方交易所上市的商品，包括中、港股市中大多數中大型股。

什麼人適合買ETF

- 擔心賺了指數，卻賠了價差
- 害怕買到地雷股
- 類股輪動快速，不知如何選股
- 想賺錢卻對股票一竅不通
- 擔心買到自己不懂的金融商品

 Note

___

名詞解釋

QFII、RQFII

QFII（Qualified Foreign Institutional Investors，合格境外機構投資者）是一國在貨幣沒有實現完全可自由兌換、資本項目尚未開放的情況下，有限度地引進外資、開放資本市場的制度；RQFII（Renminbi Qualified Foreign Institutional Investor，人民幣合格境外機構投資者）是中國准許符合資格之投資者，可將在香港籌募的人民幣資金匯入中國，投資當地的債券及股票，並可發行基金。

📝 Note

第1篇

何謂 ETF

ETF 的誕生與茁壯

什麼是ETF

Exchange Traded Fund，台灣簡稱為「指數股票型基金」，香港稱為「交易所買賣基金」，中國稱為「交易所交易基金」。

交易所交易的基金，兼具股票與基金特色的商品
-交易時間內即時買賣(像股票)，每日公佈淨值/初級市場申贖(像基金)
被動式管理，追求與指數表現一樣的報酬
獨特的創造贖回機制使其市價得以貼近淨值

簡單來說，ETF是
「以股票方式交易，獲取指數報酬的基金。」

 元大寶來投信 Yuanta Funds

 Note

名詞解釋

TDR

台灣存託憑證（Taiwan Depositary Receipt），指外國上市公司（外國發行人）或股東，將公司有價證券（股票）交付保管機構保管，由存託機構在台灣發行表彰存放於保管機構之外國有價證券（股票）之憑證。

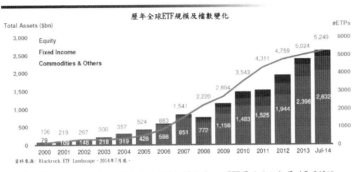

複委託

指證券商與複受託證券商間,就外國有價證券買賣之委(受)託行為。
也就是指投資人透過國內券商,代為向國外證券商下單買賣國外股票、
認股權證、受益憑證、存託憑證及債券。

Note

台灣首檔ETF於2003問世

- 台灣共24檔ETF掛牌上市(櫃)。按照投資區域分類,投資台灣為17檔、投資中國相關為6檔、投資香港為1檔。除市值型之外,產業型、主題型陸續發展。
- 2003年6月首檔ETF台灣50掛牌,當時規模僅42億新台幣,至今整體規模成長近30倍。
- 2009年8月首檔連結式ETF寶滬深的創新更造成市場轟動,三次追加募集。
- 2011年8月首檔運用QFII額度投資A股ETF誕生,台灣ETF邁向新里程。
- 2014年10月首檔台灣50槓桿型及反向型ETF掛牌,創大中華地區首例。

ETF種類	發行公司	標的成分股	發行公司/ETF檔數	代表性ETF	申購贖回方式
國內成分證券	境內	台灣上市櫃股票	元大寶來/9 富邦/5 永豐/1	台灣50 (股票代號:0050)	實物
國外成分證券	境內	連結式 (Feeder Fund)	元大寶來/1	寶滬深 (股票代號:0061)	現金
		中國A股 (QFII)	元大寶來/1 富邦/1 復華/1	上証50 (股票代號:006206)	現金
國內槓桿型及反向型	境內	台灣上市股票、ETF及期貨	元大寶來/2	T50反1 (股票代號:00632R)	現金
境外ETF	境外	原股掛牌	匯豐中華/2 凱基/1	恆中國 (股票代號:0080)	現金

元大寶來投信 Yuanta Funds

Note

名詞解釋

槓桿 ETF、反向 ETF
前者是每日追蹤標的指數收益正向倍數的 ETF;後者是每日追蹤標的指數報酬反向表現之 ETF。

台灣ETF規模2,241億 受益人數12萬人

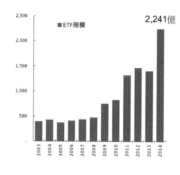
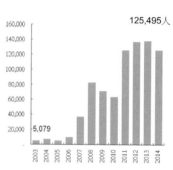

資料來源：投信投顧公會，2014/07

元大寶來投信 Yuanta Funds

Note

ETF工具箱琳琅滿目

股票類型	固定受益類型	現金	貨幣
・全球	・政府公債	・EONIA & SONIA	・已開發貨幣
・資本額度（大、中、小等）	・公司債	・聯邦資金	・新興市場貨幣
・產業	・信用債	另類	
・新興市場	・通膨	・避險基金	
・國家	・高收益	・碳	
・槓桿/放空	・新興市場	・槓桿/放空	
・投資風格型			
・主動式		商品	
・股息		・綜合(S&P GSCI, RICI等)	
・基本面		・次指數(能源、牲畜、貴金屬等)	
・基礎建設		・單一商品（黃金、銀、白金等）	
・REITs		・根據期貨	
・伊斯蘭		・根據遠期	
・主題式		・槓桿/放空	
・私募股權			

元大寶來投信 Yuanta Funds

Note

─────────────────────────────

─────────────────────────────

─────────────────────────────

名詞解釋

REITs
不動產投資信託基金（Real Estate Investment Trust Funds），就是一種把「買房收租」的交易完全證券化的商品。

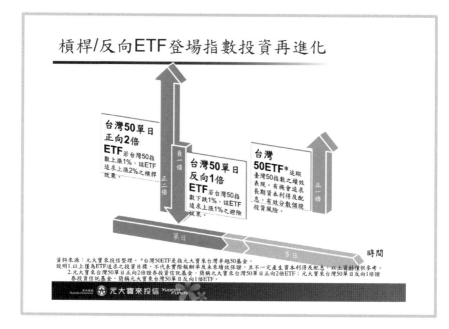

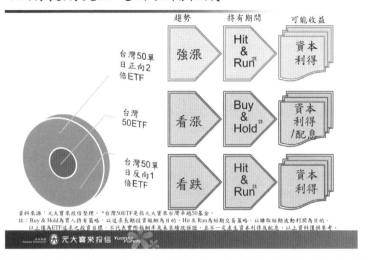

短期長期交互運用相輔相成

	趨勢	持有期間	可能收益
台灣50單日正向2倍ETF	強漲	Hit & Run	資本利得
台灣50ETF	看漲	Buy & Hold	資本利得/配息
台灣50單日反向1倍ETF	看跌	Hit & Run	資本利得

資料來源：元大寶來投信整理。＊台灣50ETF是指元大寶來台灣卓越50基金。
註：Buy & Hold為買入持有策略，以追求長期投資報酬為目的。Hit & Run為短期交易策略，以賺取短期波動利潤為目的。
以上僅為ETF追求之投資目標，不代表實際報酬率及未來績效保證，且不一定產生資本利得及配息，以上資料僅供參考。

元大寶來投信 Yuanta Funds

📝 Note

劃時代的產品創新—商品期貨ETF

- 商品期貨ETF，簡單來說，就是追蹤商品期貨指數的ETF；商品期貨ETF之產品架構相當單純，只有期貨保證金與現金部位，基金運用期貨保證金買進期貨契約，以追蹤期貨指數；而買進期貨契約之市值，與基金資產規模相當接近，不會創造額外的槓桿與風險；現金的部位則進行現金管理，以創造基金增益收入。
- 為追蹤商品期貨指數，基金商品期貨契約之權重與轉倉規則，完全依照指數編製規則，以求盡可能完全複製商品期貨指數表現。

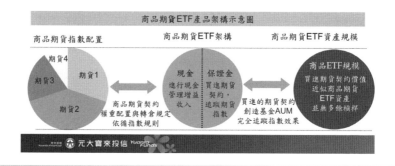

商品期貨ETF產品架構示意圖

Note

_____

_____

_____

名詞解釋

期貨保證金

期交所訂定股票期貨原始保證金（也就是第一次買進時所需要準備的資金）有 2 個級距，13.5% 與 16.2%，絕大部分的股票期貨保證金只需 13.5%，但部分特別的公司，波動風險較大，期交所則會提高到 16.2%。

商品ETF之產品態樣

· 全球商品ETF產品架構多元，大致上可分為四種組成態樣，第一種為實物(Physical)商品ETF；第二種則為交換契約(Swap)商品ETF；第三種則為票據(Notes)商品ETF；最後一種則為期貨(Future)商品ETF，各類別之產品態樣均有各自之特性與差異。

商品ETF架構	操作說明	風險與問題	代表性商品
實物(Physical)	基金買入實體原物料作為庫存，實際反應現貨價格表現。	倉儲與運輸問題鑑別真偽問題	SPDR Gold
交換契約(SWAP)	基金並未投資任何原物料相關標的，僅運用交換契約(SWAP)，與交易對手交換目標報酬。	交易對手風險	Lyxor Commodity ETF CRB
票據(Notes)	基金並未投資任何原物料相關標的，以債權的形式，要求Notes發行者保付約定之報酬。	信用風險到期問題	iPath Dow Jones-UBS Commodity Index ETN
期貨(Future)	基金藉由投資商品期貨，間接追求原物料現貨價格表現。	與現貨價格落差問題	PowerShares Gold Fund

Note

名詞解釋

期貨轉倉

因為期貨合約有到期日，因此若在未來想持有與原來相同之部位，必須在市場上將原有近月份部位平倉，同時買進遠月份的期貨合約，這就叫做轉倉。

新種ETF 顛覆投資新概念

- 槓桿/反向ETF全球截至2013年底管理規模突破548億美元，2014年為台灣首發年，投資人終於得以跟上世界潮流。（資料來源：Boost註，2013/12/31）
- 商品ETF，到2014年6月底，規模1263億美元，近期亦有機會問世，上述新種ETF將提供投資人進行更多元策略與操作，將可為台股市場創造全新的交易誘因與活水。

註：Boost ETP LLP創立於2010年10月，2014年4月17日由美國第五大及全球第八大資產管理業者-WisdomTree Investments併購為旗下ETF品牌；除龐獲歐洲地區選項肯定，更為當地市場首家競力推廣槓桿及反向ETF之發行人。

元大寶來投信 Yuanta Funds

Note

___

名詞解釋

權證

投資股票的一種工具，可以讓投資人用小錢參與股票或指數的漲跌。買權證付出的成本就是權利金，看漲就買認購權證、看跌就買認售權證。

牛熊證

下限型認購權證（簡稱牛證）及上限型認售權證（簡稱熊證）。牛熊證屬價內權證，即發行時已含內含價值，牛熊證與標的證券價格變動比率趨近於1，能緊貼標的證券之走勢但不須支付購入標的證券之全數金額，牛熊證價格變動趨近於相關資產的價格變動，為透明度較高之金融商品。

從『您』的角度看ETF

- ETF是『基金』--可以消弭您對於個股投資的不安。

- ETF是『股票』--可以滿足您靈活運用資金的需求。

- ETF是『指數』--可以符合您親眼所見。

- ETF是『工具』--可以實現您對市場的判斷。

- ETF是『元件』--可以完成您心目中理想的資產配置拼圖。

元大寶來投信 Yuanta Funds

📝 **Note**

誰喜歡用ETF?

* 華倫・巴菲特(Warren E. Buffett)
* 法瑪（Eugene Fama）
* 約翰·博格爾（John Bogle）
* 周行一
* 綠角
* 沈富雄
* 退休基金
* 避險基金

Note

ETF與股票型基金比較

項目	ETF	股票型基金
管理方式	被動式	主動式
持股週轉率	較低 勝	較高
操作透明度	高 勝	低
基金經理人對績效影響	低	高
操作策略一致性	高 勝	低
持股分散程度	較高 勝	較低
績效波動性(標準差)	較小 勝	較大
基金經理/保管費	較低 勝	較高
投資人交易方式[註]	初級市場：洽各參與證券商 次級市場：洽各證券商(同股票買賣方式)	透過經理公司或 各銷售機構申購
投資人交易價格[註]	初級市場：基金淨值 次級市場：集中市場成交價格	基金淨值

資料來源：元大寶來投信整理，2011/12 (註)：不適用於銀行特定金錢信託ETF交易

元大寶來投信 Yuanta Funds

Note

名詞解釋

PD
參與證券商（Participating Dealer），與發行 ETF 的投信公司簽訂參與
契約，可自行或受託辦理 ETF 實物申購／買回業務之證券商。

ETF的管理方式

- 採數量化篩選可以模擬該指數報酬的股票
- 元大寶來電子、元大寶來臺灣加權股價指數基金

合成複製法

- 透過SWAP方式取得該指數的報酬
- 目前台灣證期局尚未開放該類別

最佳化複製法

完全複製法

- 依照指數成分股之投資權重投資標的
- 元大寶來台灣50、元大寶來中型100、元大寶來金融、富邦摩臺灣等

元大寶來投信 Yuanta Funds

Note

Note

ETF市場架構

- ETF市場分為：1. 初級市場(NAV) 2.次級市場(市價)

Note

名詞解釋

IPO
首次公開發行股票（Initial Public Offerings），指企業透過證券交易所首次公開向投資人發行股票，募集企業發展所需資金的過程。

ETF的獨特交易機制-實物申購/買回

- ETF是利用單位投資信託或共同基金的架構所發行的有價證券。
- 以單位投資信託架構為例，ETF發行人（初級市場）會將一籃子的股票投資組合委託一受託機構託管及控制股票投資組合的所有資產，並以此為實物擔保，分割成許多單價較低的投資單位即受益憑證（ETF），讓投資人購買，並在證券交易所（次級市場）掛牌交易，以追蹤某一指數或股票投資組合的績效表現。

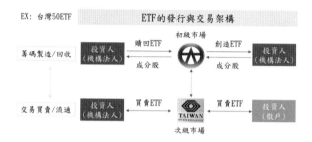

EX: 台灣50ETF　　ETF的發行與交易架構

ETF初級市場的實物轉換清單(PCF)

申購買回清單｜元大寶來台灣卓越50基金(0050) 　　上傳時間：2014/8/12 下午 04:13:41

元大寶來台灣卓越50證券投資信託基金 (證券代碼：0050) 2014/08/13 實物申購贖回清單公告	
基金淨資產價值(元)	NT$89,985,544,946
已發行受益權單位總數	1,358,000,000
與前日已發行單位差異數	-1,000,000
每受益權單位淨資產價值(元)	NT$66.26
每實物申購單位之受益權單位數	500,000
每實物申購單位約當市值	NT$33,131,644
每實物申購單位估計現金差額(元)	NT$9,446

證券代碼	證券名稱	股數	N/Y 為現金替代	可否參予最小 實物申購(N/Y)
1101	台泥	8,115	N	Y
1102	亞泥	5,742	N	Y
1216	統一	11,732	N	Y
1301	台塑	12,383	N	Y
1303	南亞	14,426	N	Y
1326	台化	11,105	N	Y
1402	遠東新	9,748	N	Y
2002	中鋼	30,784	N	N
2105	正新	4,667	N	Y
2207	和泰車	1,034	N	Y
2227	裕日車	60	N	Y

資料來源：元大寶來投信 (2014/8/13)

元大寶來投信 Yuanta funds

Note

ETF初級市場的現金轉換清單(PCF)

申購買回清單 | 元大寶來標智滬深300證券投資信託基金(0061)　　　　上傳時間：2014/08/12 16:45:05

(證券代碼：0061) 元大寶來標智滬深300證券投資信託基金 實物申購買回清單公告	
(2014/8/12)基金淨資產價值	NT$25,158,521,197
已發行受益權單位細數	1,999,616,000
與前一日已發行單位差異數	0
每受益權單位淨資產價值NT$	NT$12.58
每現金申購單位之受益權單位數	500,000
每現金申購單位約當市值NT$	NT$6,290,838
每申購基數之預收申購總價金NT$	NT$6,998,762
(2014/8/12)每申購總價金差異額	NT$-632,353
每基數實際申購總價金	NT$6,308,420

因應(0061)贖回深已發行受益權單位總數將達主管機關規定之上限，故自即日起進行初級市場申購額度控管。

<u>基金成分股揭露請點此</u>

資料來源：元大寶來投信 (2014/8/13)

📝 **Note**

ETF的市場折溢價狀況

- ETF提供每日盤中15秒更新一次之即時估計淨值

基本資料		淨值				市價				折溢價		時間
股票代碼	基金名稱	昨收淨值	預估淨值	漲跌	漲跌幅	昨收市價	最新市價	漲跌	漲跌幅	折溢價	幅度	資料時間
0050	台灣50	66.26	66.64	0.38	0.57%	66.1	66.55	0.45	0.68%	-0.09	-0.14%	2014/8/13-11:29:45
0051	台灣中型100	30.94	31.09	0.15	0.48%	30.87	30.73	-0.14	-0.45%	-0.36	-1.16%	2014/8/13-11:29:45
0053	寶電子	29.16	29.34	0.18	0.62%	29.35	29.03	-0.32	-1.09%	-0.31	-1.06%	2014/8/13-11:29:45
0054	台商50	23.81	23.97	0.16	0.67%	23.6	23.65	0.05	0.21%	-0.32	-1.34%	2014/8/13-11:29:45
0055	寶金融	14.92	15.02	0.1	0.74%	14.89	15	0.11	0.74%	-0.02	-0.13%	2014/8/13-11:29:45
0056	高股息	25.49	25.62	0.13	0.51%	25.45	25.53	0.08	0.31%	-0.09	-0.35%	2014/8/13-11:29:45
0060	新台灣	31.99	32.11	0.12	0.38%	31.56	32	0.44	1.39%	-0.11	-0.34%	2014/8/13-11:29:45
0061	寶滬深	12.58	12.53	-0.05	-0.40%	13.07	13	-0.07	-0.54%	0.47	3.75%	2014/8/13-11:29:45
006201	寶富櫃	12.67	12.68	0.01	0.08%	12.75	12.79	0.04	0.31%	0.11	0.87%	2014/8/13-11:29:45
006203	寶摩臺	31.89	32.06	0.17	0.53%	31.87	32.1	0.23	0.72%	0.04	0.12%	2014/8/13-11:29:45
006206	元上證	18.93	18.79	-0.14	-0.74%	19.03	18.94	-0.09	-0.47%	0.15	0.80%	2014/8/13-11:29:45

資料來源：元大寶來投信 (2014/8/13)

表彰標的投資組合價值

價差

反應市場即時買賣情緒

元大寶來投信 Yuanta Funds

Note

以0050ETF盤中折價為例

* 當盤中市價<淨值時,表示ETF有贖回套利之機會,亦即證券自營商(或投資人可透過參與證券商)於「初級市場」交付500張(或其倍數)ETF執行「買回」後,同時於「次級市場」進行「賣出」0050ETF所表彰之一籃子成分股。

資料來源:經典操盤家 (2014/8/13)

元大寶來投信 Yuanta Funds

Note

以0061ETF盤中溢價為例

- 當盤中市價>淨值時，表示ETF有申購套利之機會，亦即證券自營商(或投資人可透過參與證券商)於「初級市場」以現金執行「申購」後，另於「次級市場」進行「賣出」所申購之ETF。(惟0061ETF連結標的係屬境外證券，僅得於申購後次一營業日於市場強制賣出，若申購當日須賣出者，應以庫存或借券部位替代之)

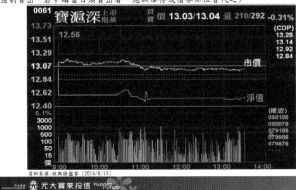

資料來源:經典操盤家(2014/8/13)

 Note

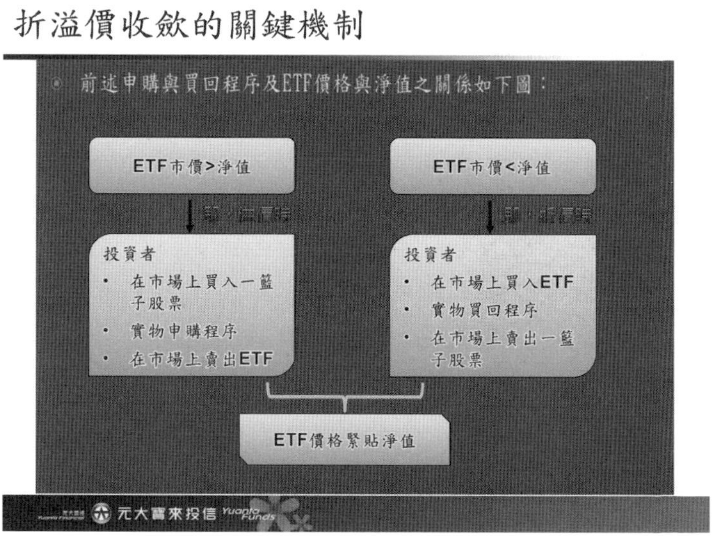

折溢價收斂的關鍵機制

- 前述申購與買回程序及ETF價格與淨值之關係如下圖：

ETF市價>淨值		ETF市價<淨值

投資者		投資者
• 在市場上買入一籃子股票 • 實物申購程序 • 在市場上賣出ETF		• 在市場上買入ETF • 實物買回程序 • 在市場上賣出一籃子股票

ETF價格緊貼淨值

元大寶來投信 Yuanta funds

📝 **Note**

ETF的獲利來源

- 資本利得：
  可能因低買高賣而賺取到所謂的價差。

- 股利收入：
  通常設計有定期配息機制。
  （但也可能不配息）

元大寶來投信 Yuanta Funds

 Note

 名詞解釋

借券

為有價證券借貸行為，指出借人將有價證券出借給借券人，賺取借券費收益，而借券人借券目的除為放空外，亦可從事避險、套利等策略性交易或為還券、履約之用。

ETF歷年配息紀錄(一)

股票代碼 ETF名稱	0050 台灣50	0051 中型100	0053 台灣電子	0054 台商收成	0055 台灣金融	0056 台灣高股息
102年度	1.35元 (殖利率2.30%)	0.8元 (殖利率2.75%)	0.75元 (殖利率3.18%)	0.5元 (殖利率2.40%)	0.35元 (殖利率2.52%)	0.85元 (殖利率3.52%)
101年度	1.85元 (殖利率3.50%)	0.75元 (殖利率3.09%)	0.55元 (殖利率2.53%)	0.65元 (殖利率3.47%)	0.25元 (殖利率2.38%)	1.3元 (殖利率5.33%)
100年度	1.95元 (殖利率3.64%)	0.9元 (殖利率3.64%)	1元 (殖利率4.61%)	1元 (殖利率5.29%)	0.3元 (殖利率2.79%)	2.2元 (殖利率8.73%)
99年度	2.2元 (殖利率3.85%)	0.9元 (殖利率2.92%)	1元 (殖利率3.69%)	0.7元 (殖利率3.05%)	0.4元 (殖利率3.16%)	
98年度	1元 (殖利率1.86%)	1.7元 (殖利率5.94%)				2元 (殖利率8.46%)
97年度	2元 (殖利率5.63%)					
96年度	2.5元 (殖利率3.54%)	0.77元 (殖利率2.18%)		0.35元 (殖利率1.44%)		
95年度	4元 (殖利率6.97%)					
94年度	1.85元 (殖利率3.96%)					

歷年配息

資料來源：元大寶來投信整理。

 Note

___

___

___

___

名詞解釋

殖利率

在股票市場中，殖利率是將股利除以股價計算而得，投資該檔股票的獲利比率愈高，代表獲利能力愈好。公式為「每股現金股利／每股股價」。

ETF歷年配息紀錄(二)

股票代碼	0060	0061	006201	006203	006206
ETF名稱	新台灣	標智滬深300	寶富櫃	寶摩臺	元上證
歷 年 配 息					
102年度	1元 (殖利率3.18%)		0.3元 (殖利率2.54%)	0.85元 (殖利率3.09%)	
101年度	0.5元 (殖利率1.98%)		0.25元 (殖利率2.61%)	0.7元 (殖利率2.81%)	
100年度	1.3元 (殖利率4.79%)		0.25元 (殖利率2.54%)	0.8元 (殖利率3.28%)	
99年度		不進行收益分配			不進行收益分配
98年度					
97年度					
96年度					
95年度					
94年度					

資料來源:元大寶來投信整理。

Note

ETF填息花費天數

股票代碼	ETF名稱	2005	2006	2007	2008	2009	2010	2011	2012	2013
0050	台灣50	25	41	5	7	3	9	101	36	67
0051	中型100			145		37	8	56	4	4
0053	台灣電子						16	68	1	4
0054	台商收成			10			30	54	1	3
0055	台灣金融						8	30	1	16
0056	台灣高股息					77		114	204	175
0060	新台灣							55	1	2
006201	寶富櫃							55	1	3
006203	寶摩臺							51	4	3

資料來源：元大寶來投信整理。

🗒️ **Note**

_____

_____

_____

_____

_____

_____

_____

ETF次級市場交易方式與股票之比較

項目	股票	ETF
交易時間	週一至週五上午9:00至下午1:30	
買賣方式	可透過任何合法證券商下單買賣	
漲跌停限制[註]	7% (但國外成分證券指數股票型基金受益憑證及境外指數股票型基金受益憑證,採無升降幅度限制)	
交易稅	千分之三	千分之一
信用交易	上市六個月後	一上市即可
當日沖銷交易	103年1月6日起投資人得以現股從事先買後賣之當日沖銷交易,並自103年6月30日開放先賣後買當日沖銷交易。(臺灣50指數、中型100指數及富櫃50指數成分股)	否
零股交易[註]	申報時間為交易日下午1:40~2:30,於下午2:30集合競價 申報價格及漲跌幅與當日普通交易相同	
升降單位[註]	新臺幣50元以下為0.05元 新臺幣50元以上為0.10元	新臺幣50元以下為0.01元 新臺幣50元以上為0.05元
手續費[註]	千分之1.425以內(由證券商自行訂定)	
除權[註]	有	無
除息[註]	有	

資料來源:元大寶來投信整理,資料日期:2014/10 (註) 不適用於銀行特定金錢信託ETF交易。投資境外ETF漲跌幅限制以當地為準

元大寶來投信 Yuanta Funds

Note

名詞解釋

信用交易

包含融資及融券。在股票市場裡,當手頭資金不足又想購買股票時,可以使用「融資」,也就是跟證券商借錢來購買股票;而「融券」,就是跟證券商「借股票」來賣。

📝 Note

第2篇

ETF
投資類型

ETF 如何讓你買得到、賣得掉，
買得不會太貴、賣得不會太便宜

 Note

_____

_____

_____

_____

 名詞解釋

T＋0

為證券交割日制度，T＋0意指成交當天即辦好證券和價款清算交割手續。目前中國實施的是T＋1，指成交的隔日交割，台灣則是T＋2。

台灣ETF產品線正進入主升段

- 歷經十一年的發展，台灣ETF產品推陳出新，滿足不同投資需求。
- 目前已發行的ETF有22檔，遍佈各類型商品：
  市值型 → 產業型 → 主題式 → 香港股市 → 中國A股市場 → 新種ETF

台灣ETF產品藍圖

權重型	產業	跨境型
市值排名前50大-- 元大寶來台灣卓越50ETF(0050) 富邦台灣50 ETF (006208)	金融產業-- 元大寶來MSCI台灣金融ETF(0055) 富邦台灣金融ETF (0059)	中國聯繫基金-- 元大寶來標智滬深300 ETF (0061)
市值排名51-150大-- 元大寶來台灣中100ETF(0051)	電子產業-- 富邦台灣資訊科技 ETF(0052) 元大寶來台灣電子科技 ETF (0053)	中國QFII A股-- 元大寶來上証50 ETF (006206) 富邦上証180 ETF (006205) 復華滬深300 ETF (006207) 標智上証50 ETF (008201)
MSCI台灣-- 富邦MSCI台灣ETF(0057) 元大寶來MSCI台灣ETF (006203)	非電子產業-- 富邦發達ETF(0058) 元大寶來新佈台灣ETF(0060)	香港跨境掛牌基金-- 恒中國 ETF (0080) 恒香港 ETF (0081)
台灣加權-- 永豐台灣加權ETF(006204)	**主題型**	**新種**
上櫃排名1~50大-- 元大寶來富櫃50 ETF(006201)	中國收成概念-- 元大寶來台商收成ETF(0054) 高股息概念-- 元大寶來台灣高股息ETF(0056)	槓桿/反向-- 元大寶來台灣50單日正向2倍基金(00631L) 元大寶來台灣50單日反向1倍基金(00632R)

元大寶來投信 Yuanta Funds

Note

名詞解釋

> ### ETN
> 交易所交易債券（Exchange Traded Note），屬於無抵押擔保的債券，它結合了 ETF 與債券的性質。ETN 也在公開的證券交易所交易，並且追蹤某特定標的指數的走勢。

指數化商品版圖一覽

- 截至2014年6月，國內指數化管理總資產規模為新台幣2,270.4億元，元大寶來投信指數化管理總資產規模為新台幣1960.6億元，市占率為86%。

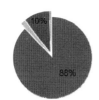

資料來源：元大寶來投信整理，截至2014/06

Note

台灣ETF 市場籌碼狀況

ETF 名稱	成交量(千股)	成交值(千元)	各ETF佔整體ETF成交金額比重
0050 台灣50	14,005	918,336	37.75%
0061 寶滬深	31,367	435,655	17.91%
006205 FB上証	17,662	382,578	15.73%
00631L T50正2	9,450	192,016	7.89%
006206 元上證	9,398	184,734	7.59%
00632R T50反1	7,964	157,220	6.46%
006207 FH滬深	8,057	127,944	5.26%
0056 高股息	820	19,241	0.79%
0055 寶金融	445	6,795	0.28%
0057 FB摩台	38	1,523	0.06%
0053 寶電子	47	1,358	0.06%
006204 豐臺灣	24	1,079	0.04%
0051 中100	34	991	0.04%
008201 上證50	17	976	0.04%
0054 台商50	34	783	0.03%
006203 寶摩臺	14	457	0.02%
0059 FB金融	9	314	0.01%
006208 FB台50	7	245	0.01%
0080 恒中國	-	195	0.01%
0052 FB科技	4	163	0.01%
0060 新台灣	3	79	0.00%
0058 FB發達	2	56	0.00%
0081 恒香港	-	-	0.00%

資料期間：10/31~11/12平均值、元大寶來投信整理

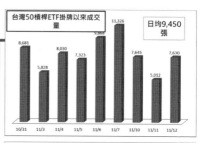

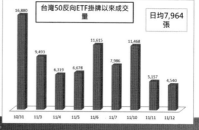

 Note

推薦書單

書名：創世紀產品：槓桿反向 ETF
作者：元大寶來投信團隊
出版：經濟日報

書名：商品期貨 ETF：創新與實務
作者：元大寶來投信團隊
出版：經濟日報

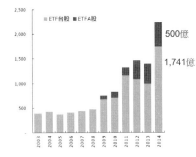

台股與A股規模比例為8:2

期間	ETF	ETF台股	ETFA股
2003年6月	43	43	-
2003年	394	394	-
2004年	420	420	-
2005年	366	366	-
2006年	407	407	-
2007年	440	440	-
2008年	475	475	-
2009年	749	672	78
2010年	829	705	124
2011年	1,319	1,159	160
2012年	1,465	1,079	386
2013年	1,398	989	409
2014年	2,241	1,741	500
		77.7%	22.3%

500億

1,741億

資料來源：投信投顧公會，2014/07

Note

Note

第3篇

ETF
投資實戰

理財真的不複雜，
只要用對工具、熟悉策略、落實紀律就行了

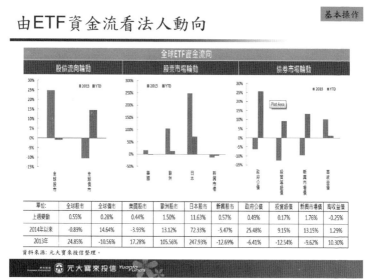

 Note

名詞解釋

歐豬五國

國際債券分析家、學者和國際經濟界媒體對歐洲 5 個較弱經濟體（葡萄牙、義大利、愛爾蘭、希臘、西班牙）的稱呼。

QE

量化寬鬆貨幣政策。當短期利率接近零，無法再下降，央行須尋求非傳統性工具，如直接自民間大量購入中長期資產等，直接影響中長期利率（及實質利率），並藉由通膨預期管道、財富管道、信用管道與匯率管道來傳遞貨幣政策效果，進而提振經濟成長。

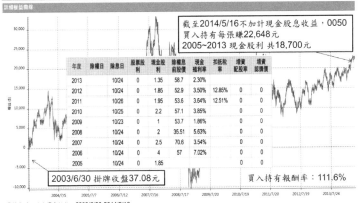

從台灣50ETF成立時買入1張至今賺 41,348元 【基本操作】

計績報益曲線

截至2014/5/16不加計現金股息收益，0050
買入持有每張賺22,648元
2005~2013 現金股利 共18,700元

年度	除權日	除息日	股票股利	現金股利	除權息前股價	現金殖利率	扣抵稅率	增資配股率	增資認購價
2013		10/24	0	1.35	58.7	2.30%			
2012		10/24	0	1.85	52.9	3.50%	12.85%	0	0
2011		10/26	0	1.95	53.6	3.64%	12.51%	0	0
2010		10/25	0	2.2	57.1	3.85%		0	0
2009		10/23	0	1	53.7	1.86%		0	0
2008		10/24	0	2	35.51	5.63%		0	0
2007		10/24	0	2.5	70.6	3.54%		0	0
2006		10/24	0	4	57	7.02%		0	0
2005		10/24	0	1.85				0	0

2003/6/30 掛牌收盤37.08元

買入持有報酬率：111.6%

資料來源：元大寶來投信，2003/6/30-2014/5/16。
以上僅為歷史資料模擬之結果，不代表實際報酬率及未來績效保證，不同時間進行模擬操作，其結果亦可能不同，以上資料僅供參考。

元大寶來投信 Yuanta Funds

Note

運用ETF波段操作系列❹

ETF投資術：定期定額VS.定期定值

記者呂淑美／台北報導

「定期定額」是許多基金投資人常用的方式。當基金淨值波動大或市場低迷時，可能因恐懼不敢進行單筆投資，反觀定期定額，透過自動扣款機制定期持續買入，市場下跌時向下攤平，長期下來所累積報酬，有機會勝過單筆投資。

永豐投信指出，除了定期定額策略外，前哈佛教授Michael E. Edleson提出另一種「定期定值」投資策略。「定期」是指固定期間投資，「定值」是每一期基金的市值加上投資金額，資產總值所增加的額度是固定的。

「定期定值」特點在於，當市場低點時，投資金額會比定期定額所投資的金額更多，反之投資狀況良好時，投資金額相對較少。定期定值投資策略，讓投資人低點買入更多，高點部分則可順勢出脫。

ETF（指數股票型基金）投資目標為追蹤指數表現，特色是投資組合所持有的資產高度分散，不易受到單一個股或產業所影響，不論是定期定額或定期定值投資策略，不僅可用於投資基金，亦適用在ETF操作。

由於每檔ETF主要追蹤指數不同，會隨著標的指數不同而有不同績效。

元大寶來投信 Yuanta Funds

 Note

那試試定期定量呢? 固定每月買一張?

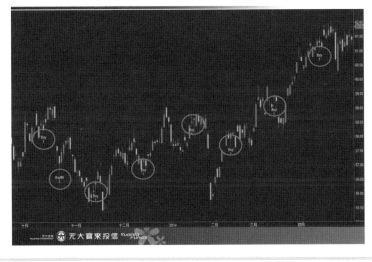

📝 **Note**

_____

_____

_____

_____

_____

_____

_____

0050定期定量策略

每月月中定期定量買入1張 0050 ETF
每年配發股利後將所有現金股利於10/24再投入 0050 ETF
從2003~2014年累積報酬 **18.21% + 存股148張 + 往後每年約現金股利 30萬***

資料來源：元大寶來投信，2003/6/30-2014/5/16。
以上僅為歷史資料模擬之結果，不代表實際報酬率及未來績效保證，不同時間進行模擬操作，其結果亦可能不同，以上資料僅供參考。

* 現金股利29萬以過去每年現金股利平約設算(148張*2元)。
本回測包含現金股利再投資

Note

策略：正金字塔買進，倒金字塔賣出

* 對於指數區間有規劃的投資人，可採正金字塔分4次買進、倒金字塔分4次賣出的策略。
* 舉例：若認為接下來一段指數區間會落在6500~8500點，取中間值7500點，當指數每往下修正250點，拿出準備投資資金的1/10進場買進；當再往下跌250點，指數為7000點時，再拿出2/10的資金進場；如果繼續往下再跌250點，指數為6750點，則以3/10的資金買進；最後如果再跌250點，來到6500點，就將剩餘的4/10資金全部買下去。至於何時該賣出?指數每往上漲250點就部分出場，第一次賣出1/10，第二次賣出2/10，第三次賣出3/10，最後上漲到8500點，就將剩下的4/10全部出清。

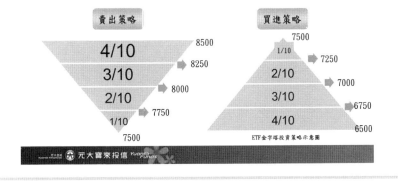

ETF金字塔投資策略示意圖

![元大富來投信 Yuanta Funds]

1996(開放外資)後加權指數區間統計資料

基本操作

點數	月	週	百分比(月)	百分比(週)
10000以上	2	4	1.0%	0.5%
9000~10000	23	49	11.6%	5.8%
8000~9000	34	158	17.2%	18.6%
7000~8000	43	200	21.7%	23.5%
6000~7000	48	191	24.2%	22.5%
5000~6000	35	145	17.7%	17.1%
4000~5000	12	95	6.1%	11.2%
4000以下	1	8	0.5%	0.9%

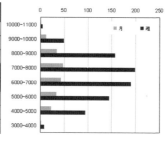

資料來源：元大寶來投信整理。

元大寶來投信 Yuanta Funds

Note

運用ETF波段操作系列❶

基本操作

從全球ETF資金流向 掌握趨勢

記者呂淑美／台北報導

從全球ETF（指數股票型基金）的資金流向，可以發現市場趨勢指標。據統計，全球從2000年到2013年底，ETF規模由7,900萬美元成長到2.4兆美元，成長30倍；產品檔數也由106檔成長到4,988檔，增加了47倍。

元大寶來投信指出，去年美日大舉寬鬆貨幣政策，除錢進債市，更透過ETF錢進股市。據統計，去年全球股市表現最好的成熟國家，日經225指數上漲56.72%，NASDAQ指數上漲38.32%，S&P500指數上漲29.6%。

統計資料並顯示，前十大ETF資金淨流入就是集中在美日股市，其中3檔追蹤S&P500

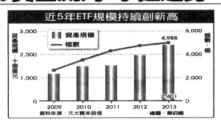

近5年ETF規模持續創新高

資料來源：元大寶來投信　繪圖：華郁珊

相關ETF，全年淨流入更達29,563億美元。

元大寶來投信建議，可看ETF折溢價，跟著法人進出台股，當ETF出現折價，特別是連續性的折價時，就要留意是不是法人已達到初步停利的階

段，開始逐步出場了。相對的，當連續溢價，市場願意連續以高於淨值的價格持續買進，市場量能也同步放大時，這時候表示法人正在積極的進場，造成ETF溢價，這時候就相對是比較好的買點。

 元大寶來投信 Yuanta Funds

 Note

名詞解釋

本益比（PE Ratio）
公式為「每股股價（P）／每股稅後盈餘（EPS）」。為股價除盈餘的倍數，同時也是投資回本的年數。

投資ETF 參考三大指標

1.成交量能放大 2.連續性折價或溢價 3.整體單位數增減

記者王淑以／台北報導

ETF透明公開的產品特性，獲得非常多投資人的信任度。全球從2000年到2013年底，ETF規模由7,900萬美元成長到2.4兆美元，成長30倍；產品檔數也由106檔成長到4,988檔，增加了47倍。

2013全球股市表現

股市	最強前五名(%)	股市	最弱前五名(%)
杜拜	107.69	巴西	-15.50
阿根廷	88.87	土耳其	-13.31
阿布達比	63.08	上海綜合	-6.75
日經225	56.72	泰國	-6.70
NASDAQ	38.32	俄羅斯	-5.55

資料來源：StockQ　王淑以／製表

回顧2013年的金融市場，美國量化寬鬆（QE）推升美國道瓊工業指數持續不斷創新高；日本政府發出安倍三箭讓日圓大幅貶值，其寬鬆貨幣政策比美國還積極，除了錢進債市，更透過ETF錢進股市，使得美、日股市皆有相當大幅度的表現，2013年日經225指數上漲56.72%，NASDAQ指數上漲38.32%。

元大寶來投信襄理謝菁妘表示，前十大ETF資金淨流入就是集中在美日股市，其中三檔追蹤S&P500相關ETF，全年淨流入更達29.563億美元。投資人可以透過ETF產品，了解資金動向，只要有資金進入ETF，其就必須要將資金投資在ETF相關的股票裡，即可形成一股很強大的力量去推動市場。

國際金融市場資金的版圖中，也可以透過ETF籌碼的消長，判斷資金在國際間的流向。謝菁妘表示，投資人投資ETF可參考三指標，包括一、成交量能放大；二、連續性的折價或溢價；三、ETF整體單位數的增減。

以元大寶來投信發行的台灣50（0050）爲例，首先看成交量能是否放大，以其5日均量爲基準，如果今天的成交量，超過5日均量的1.8倍，則可確定成交已明顯放大。

再來就是每天觀察折溢價的狀況，當量能放大的指標出現時，之前的折溢價表現爲連續折價時，就可以考慮調節手上的部位。反之，量能放大且爲連續溢價時，當下行情都是相對大家比較沒有信心的時候，但這訊號可以提振信心，幫助自己可以做出勇敢的決定，開始分批進場的訊號。

最後是ETF基金整體單位數的增減，結合這三項指標，當市場爆量、連續溢價加上ETF規模也是成長的時候，表示資金一直進入ETF，操作ETF的勝率將會提高。反之就代表資金在撤離這個產品。循此脈絡將可跟隨法人腳步掌握完整的波段。

元大金控 Yuanta Financial　元大寶來投信 Yuanta Funds

Note

可作為波段操作工具

ETF折溢價 藏法人操作線索

臺灣證券交易所
流通證券 活絡經濟

【記者廖賢龍/台北報導】

由於機構法人占台股的投資人比重已日趨重要，當ETF出現折價，特別是連續性的折價時，就要留意是不是法人已達到初步停利階段，開始逐步出場了，長期折價訊就就可以解讀為法人籌碼在流出的指標。相對的，當連續溢價，市場顯意連續以高於淨值的價格持續買進，市場量能也同步放大時，這時候表示法人正在積極的進場，造成ETF溢價，這時候就相對是比較好的買點，故可以用連續性的折溢價價加上成交量放大來判斷，用ETF當作波段操作的工具。

元大寶來投信襄理謝菁妘表示，ETF訴求為追蹤標的指數變化且在股票市場交易的基金，為了讓ETF的淨值能反映標的指數表現，ETF基本上會依照各指數成分股在標的指數中的相對權重進行資產配置，使投資人可以獲得貼近指數之報酬率。此兩者間的價差就是ETF的折溢價，因ETF獨特的實物交易機制，當折溢價產生，套利者會透過此機制來消弭此價差，讓兩者間的價格可以貼近。

謝菁妘舉例元大寶來台灣卓越50基金(0050)，其平均成交量若無大幅提升，就是股市較為平和的時候，如果在此時頻繁進出，較不容易掌握到完整的波段。因為機構法人投資角度與一般投資人投資差異處是在勝率，善用其逢低承買黑賣紅的投資策略，遇到市場有非理性的殺出行情產生時，即可出手撿便宜。以今年新春開盤表現為例，開盤當日元大寶來台灣卓越50基金(0050)在初級市場共新增了17500張的籌碼，結合當日爆出的成交量，危機入市的軌跡非常明顯。

Note

名詞解釋

ETF 折溢價

公式為「（市價－基金淨值）／淨值 ×100%」。一般大型券商的看盤軟體中，「個股基本資料」會提供該檔 ETF 前一天的折溢價情況；盤中的即時折溢價幅度，則可透過台灣證交所提供的即時淨值，來推算折溢價幅度。

Note

台灣50訊號對比指數走勢

- 以套利為目的的申贖,在市場下跌的波段,申購量會持續上升,反之,在上漲階段, 0050會持續被贖回,大致上會呈現一個趨勢的形態,配合0050成交量的訊號,將 有助對於市場波段型態的解讀。

自營商買超看好後市?賣超!看衰?

基本操作

自營商、外資、官股法人進出範例

代號	名稱	自營商 買賣超(股)	投信 買賣超(股)	外資 買賣超(股)	外資 買賣超(張)	0	10/22-10/26	10/15-10/19	10/8-10/12	10/1-10/5	外資累計買賣 超(10月)
0050	台灣50	-13,028,000	-205,000	-5,510,000	-5,510	0	-9,403	-25,047	-3,603	1,742	-36,311
0051	中100	0	0	6,000	6	0	6	0	93	209	308
0053	寶電子	0	0	0	0	0	0	0	14	55	69
0054	台商50	0	0	0	0	0	0	9	13	22
0055	寶金融	-287,000	0	-256,000	-256	0	-52	-190	-981	-580	-1,803
0056	高股息	-2,033,000	0	0	0	0	-51	5	6	-25	-66
0060	新台灣	0	0	0	0	0	0	0	0	0	0
0061	寶滬深	-613,000	-200,000	200,000	200	0	402	1,402	0	1,893	3,697
006201	寶櫃櫃	0	0	0	0	0	0	0	0	0	0
006202	寶富盈	0	0	0	0	0	0	0	0	0	0
006203	寶摩臺	2,000	0	0	0	0	0	0	0	0	0
006206	元上證	-1,723,000	0	3,000	3	0	-162	-3,573	-2,668	-2,442	-8,835

券商	台灣50(0050)八大行庫券商買賣明細速瀏		
	買張	賣張	增減
合庫	459	12	447
土銀	35	7	28
臺銀	604	19	585
台灣企銀	27	0	27
彰銀	3	0	3
第一金	25	37	-12
兆豐	240	49	191
華南永昌	604	89	515
總計	1,997	213	1,784

資料來源:元大寶來投信整理。 **自營商的買超就是法人出場的賣超**

元大寶來投信 Yuanta Funds

槓桿/反向ETF~看對方向贏面大

槓反操作

看多看空？都有機會賺？！

以2013年淨流入最多之正向2倍及反向1倍為例，若套用在台股：

✓ 台股看多，正向2倍→追求獲利正2倍。

✓ 台股看空，反向1倍→追求正獲利1倍。

元大寶來投信 Yuanta Funds

Note

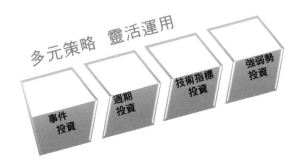

Note

策略一：事件投資法

- 善用國內外的突發事件，根據消息判斷該事件對股市的短期衝擊為何，增加投資曝險

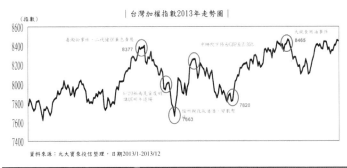

| 台灣加權指數2013年走勢圖 |

資料來源：元大寶來投信整理，日期2013/1-2013/12

元大寶來投信 Yuanta Funds

📓 **Note**

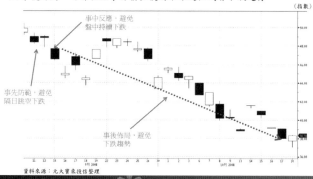

配置反向ETF 避免市場不確定性

橫反操作

1. 事先防範：若對歐美股市有事件預期，可降低隔日下跌預期之風險
2. 事中反應：若出現突發性事件時，可降低當日盤中下跌風險
3. 事後佈局：可降低該事件發生後的不確定性或者下跌趨勢

事中反應，避免
盤中持續下跌

事先防範，避免
隔日跳空下跌

事後佈局，避免
下跌趨勢

資料來源：元大寶來投信整理

Note

策略二：週期投資法

統計結果，2003年6月以來台灣50指數以2月份以及12月份表現最佳，走強機率也最高。

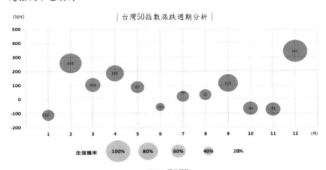

| 台灣50指數漲跌週期分析 |

資料來源：元大寶來投信，日期2003/6-2014/3
以上僅為歷史資料模擬之結果，不代表實際報酬率及未來績效保證，不同時間進行模擬操作，其結果亦可能不同，以上資料僅供參考。

📝 **Note**

策略三：技術指標投資法

橫反操作

投資策略

假設：分別以『MA策略買賣台灣50』、『MA策略買賣槓桿ETF』二種方式操作所得之結果。
本金：每次交易以投資標的1000股為基礎
期間：2004/1/1～2014/5/31，
買進訊號：5日MA與60日MA呈現黃金交叉
賣出訊號：5日MA與60日MA呈現死亡交叉
停利點：10%

損益結果

投資方式	已實現損益[注]	報酬率	買賣次數
MA策略買賣台灣50	5290	0.39%	32
MA策略買賣槓桿ETF	43820	95.77%	35

註：已實現損益為運用此投資策略截至2014/5累積損益金額

累積損益

(損益金額)

資料來源：元大寶來投信，日期2004/1-2014/5，以上提及之基金，僅為範例之用，不必然為本公司之操薦標的。
以上僅為歷史資料模擬之結果，不代表實際報酬率及未來績效保證，不同時間進行模擬操作，其結果亦可能不同，以上資料僅供參考。

Yuanta Financial 元大寶來投信 Yuanta Funds

Note

策略四：強弱勢投資法

- 強弱勢投資法：優質個股搭配反向ETF可進行配對交易。
- 個股篩選條件：1.與大盤連動性高，2.相對大盤強勢的投資標的。
- 以台達電為例，模擬持有台達電與反向ETF之報酬率曲線，發現策略波動率降低。

| 台達電+反向ETF相對強弱報酬率 |

資料來源：元大寶來投信整理，2012/1-2014/2。以上提及之個股，僅為舉例之用，不必然為本公司之推薦標的。
以上僅為歷史資料模擬之結果，不代表實際報酬率及未來績效保證，不同時間進行模擬操作，其結果亦可能不同，以上資料僅供參考。

 Note

名詞解釋

貳進賣權

選擇權內的「買權（Call）」，是指該權利的買方可在約定期間裡，以履約價格買入約定標的物；「賣權（Put）」，是指該權利的買方有權在約定期間內，以履約價格賣出約定標的物。因此買進賣權是一種看空的策略，適合在預期盤勢即將大跌時使用，其最大損失是所支付的權利金，利潤隨著標的物下跌的幅度而增加。

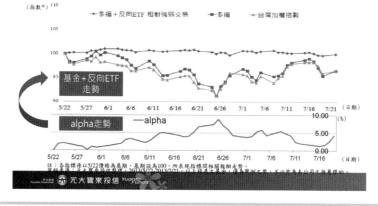

多元化策略交易及衍生商機 槓反操作

- 可以搭配多種選擇權、權證、期貨、現貨以進行投資、避險之多元化交易策略。
- 由於槓桿反向型ETF為短期交易產品,遂會帶動該產品及相關周邊產品之成交量。

資料來源:元大寶來投信整理

📝 Note

_____

_____

_____

_____

_____

_____

商品ETF

商品期貨ETF 為交易原物料最佳工具

• 商品期貨ETF可連結能源、農產品與基本金屬,連結標的十分多元;讓台灣民眾可以在自己的證券帳戶內,運用台幣在台股交易時間內,便可輕鬆買賣商品原物料。

貴金屬ETF　　　　　　　能源ETF

商品期貨ETF

農產品ETF　　　　　　　基本金屬ETF

元大寶來投信 Yuanta Funds

Note

策略一、事件操作——化危機為轉機

商品ETF

- 過往黃金往往因應國際衝突與市場危機,價格應聲上漲;黃金期貨ETF問世後,投資人即可配合事件進行相關操作,爭取可能獲利。

事件	時間	一個月後(%)	三個月內 最高漲幅(%)
伊拉克入侵科威特	1991/1/16	2.12%	10.67%
911事件	2001/9/11	3.25%	7.71%
車臣戰爭	1999/8/26	11.64%	28.25%
雷曼兄弟破產	2008/9/15	9.75%	18.90%
量化寬鬆	2008/11/25	6.19%	21.94%
歐債危機	2010/4/27	5.08%	8.88%
伊拉克內戰	2014/6/20	****	5.92%

資料來源:Bloomberg,元大寶來投信整理。註:黃金期貨ETF漲幅為標普高盛黃金超額回報指數漲幅

元大寶來投信 Yuanta Funds

📝 **Note**

_____

_____

_____

_____

_____

_____

策略二、技術面操作—波段行情的捕手 商品ETF

- 黃金期貨ETF亦可利用月均線與季均線，以及均值回歸等技術指標，推測行情高低點，進行高出低進之操作。

標普高盛黃金超額回報指數&均線走勢圖	標普高盛黃金超額回報指數B-Band走勢圖
標普高盛黃金指數20日均線交叉向上穿過60日均線為低點訊號，交叉向下則為高點訊號，20日均線已向下交叉穿過60日均線。	標普高盛黃金期貨指數走勢若跌破20日均線2倍標準差下線，為低點；走勢若漲破20日均線2倍標準差上線，相對則為指數高點。

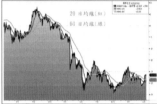

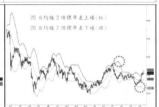

元大寶來投信 Yuanta Funds

 Note

 名詞解釋

B-Band

布林軌道，又稱布林（Bollinger）線指標或布林通道，是通過統計學中的標準差與平均數，來求得股價的未來一段時間最有可能波動的區間。該指標在圖形上畫出 3 條線，其中上下兩條線可以分別看成是股價的壓力線和支撐線，兩條線中間則是一條股價平均線。一般來說，股價會運行在壓力線和支撐線所形成的通道中；當上、下軌線收縮時，代表股價隨時可能出現一個往上或往下的變盤態勢。

策略三、金蟲混搭操作—最佳化投資效益

- 台灣許多投資人喜歡投資黃金股票基金，但走勢往往受到股票市場波動牽連。
  若將黃金股票搭配黃金期貨指數，可以發現組合績效較單純持有黃金股票為優，
  且波動度大幅降低，發揮資產配置之效果。

黃金期貨ETF+黃金股票指數組合表現

資料來源：Bloomberg，2002/12/31~2013/12/31。註：綜合為50%標普高盛黃金超額回報指數+50%AMEX黃金類股指數之

 名詞解釋

金蟲指數

AMEX Gold Bugs Index，由 15 家最大生產黃金的公司作為成分股，
依照市值大小不同所組成。

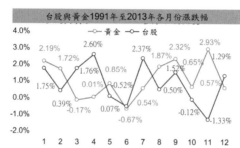

策略四、台股混搭操作—追求全年旺季可能 商品ETF

- 黃金期貨ETF亦可與股票搭配操作，創造更緊密之投資節奏。根據2003年到2013年的資料顯示，台股的投資旺季集中在上半年；黃金下半年的表現則較為亮眼，因此若將台股與黃金之投資旺季相互搭配，加上資產配置之組合，可望創造更全方位的獲利機會。

台股與黃金1991年至2013年各月份漲跌幅

―○― 黃金 ―○― 台股

2.19%　1.72%　2.60%　　　2.37%　2.32%　2.93%
　1.76%　0.85%　　1.87%　0.65%　1.29%
1.75%　0.01%0.52%　　1.52%　　0.57%
　0.39%　　0.07%　　0.50%
　-0.17%　　-0.67%　0.54%　-0.12%-1.33%

資料來源：Bloomberg，統計期間：2001-2013。

元大寶來投信 Yuanta Funds

Note

_____

_____

_____

_____

_____

_____

策略五、淡旺季操作—掌握季節效應

商品ETF

• 黃金上半年屬淡季、下半年屬旺季,第三季最旺。

　　方法一:淡季期間,可選擇上半年、Q2、或是6月,固定於每週五買進布局,
於當年9月每週五規律賣出。

　　方法二:淡季期間,布局期間相同,但僅選擇逢低才買,出場方式相同

2001~2013黃金期貨ETF淡旺季操作試算表

固定買進	上半年每週買進	Q2每週買進	6月每週買進	逢低買進	上半年每週買進	Q2每週買進	6月每週買進
最大獲利	21.40%	16.70%	15.20%	最大獲利	23.80%	16.80%	16.20%
最大損失	-11.70%	-9.10%	-8.90%	最大損失	-10.80%	-8.00%	-8.90%
勝率	69.20%	76.90%	76.90%	勝率	76.90%	76.90%	69.20%
累積獲利	51.80%	47.50%	49.10%	累積獲利	67.00%	55.30%	53.00%
平均獲利	3.99%	3.65%	3.78%	平均獲利	5.15%	4.25%	4.08%

資料來源:Bloomberg,統計期間:2001-2013。

元大寶來投信 Yuanta Funds

Note

ETF一次購足實現你投資的渴望

One Stop Service

趨勢需求

槓桿/反向ETF

商品

債券

買權

權證

群募

股票 ETF

多單

期貨

空軍

策略需求

商品 ETF

配置需求

資料來源：元大寶來投信整理

元大寶來投信 Yuanta Funds

Note

課後學習

ETF
投資策略

金字塔加碼 ETF 賺更多

上網輕鬆交易美股 ETF

分散投資風險，小額資金也能買
金字塔加碼ETF賺更多

撰文：《Smart 智富》編輯部

　　如果你想投資股票，又擔心選錯股或個股波動太大，ETF（指數股票型基金）是不錯的選擇。

　　所謂ETF，英文原文為Exchange Traded Funds，中文稱為「指數股票型證券投資信託基金」，簡稱為「指數股票型基金」，也就是將指數證券化，投資人不以傳統方式直接進行一籃子股票投資，而是透過持有表彰指數標的股票權益的受益憑證來間接投資。

　　投資ETF有3個好處：1.ETF跟個股一樣都能在證交所買賣，不過不像個股得自己挑選、自己做投資決策，ETF採被動式管理，也就是選定某市場指數作為對應標的，透過各種追蹤指數的技術，基金的走勢

 TIPS

ETF 資訊哪裡找？
證交所有為 ETF 成立專區，舉凡盤中交易資訊、成交量皆有提供即時訊息，非常便利，網址為：www.twse.com.tw/ETF/etfnews.php。

能貼近對應標的的走勢；2.ETF的投資標的分散在該市場的各公司，等於協助投資人分散資金，可有效地降低投資單一個股的風險；3.投資人如果只有小額資金，想要購買高價股票往往力有未逮，現在只要購買ETF就可以把投資的觸角伸至數量更廣的各家公司。

（表1）國內掛牌的ETF已突破20檔

代號	名稱	追蹤指數	收盤價（元）
0050	台灣50	台灣50指數	68.30
0051	中100	台灣中型100指數	30.08
0052	FB科技	台灣資訊科技指數	43.12
0053	寶電子	電子類加權股價指數	29.82
0054	台商50	S&P台商收成指數	23.18
0055	寶金融	MSCI台灣金融指數	14.52
0056	高股息	台灣高股息指數	24.72
0057	FB摩台	MSCI台灣指數	41.81
0058	FB發達	台灣發達指數	38.60
0059	FB金融	金融保險類股指數	32.85
0060	新台灣	未含電子股50指數	32.00
0061	寶滬深	滬深300指數※	17.21
006203	寶摩臺	MSCI台灣指數	32.88
006204	豐臺灣	台灣證券交易所發行量加權股價指數	47.03
006205	FB上證	上證180指數※	30.65
006206	元上證	上證50指數※	28.91
006207	FH滬深	滬深300指數※	22.11
006208	FB台50	台灣50指數	38.80
00631L	T50正2	台灣50指數	22.18
00632R	T50反1	台灣50指數	18.75
00633L	上證2X	上證180指數※	37.03
00634R	上證反	上證180指數※	13.30
0080	恒中國	恒生H股指數※	—
0081	恒香港	恒生指數※	835.15
008201	上證50	上證50指數※	90.45

註：1.收盤價為2015.01.29當日價格；2.打※代表追蹤對象為中國股市　　資料來源：台灣證券交易所

目前國內ETF的種類已相當多元，依照投資市場區分，可分成台股與中國股市2大類（詳見表1）。若以投資標的區分，則有權值型、產業型、主題型、中小型、跨國型等，各ETF都有其對應追蹤的指數。

ETF在盤中不論融資、融券或是當沖，都可以操作，還有適合小資男女的盤後零股交易。買賣ETF零股相當簡單，只要在下午台股收盤後、零股交易時間內，透過營業員、網路或電話，提供所要買賣之股票、數量，接下來只要在當天下午2點40分後查詢是否成交即可。

第2季可布局高股息、電子金融ETF

哪些ETF值得布局？第2季為傳統股東會旺季，此時布局一些高現金殖利率個股，在下半年應有不錯的現金股息可落袋。透過高股息ETF可省去投資人選股的風險，避免落入賺了股息卻賠了價差的窘境。

高股息ETF所追蹤的台灣高股息指數是從台灣50指數與台灣100指數，共150家公司中選出，並預測未來1年的現金股利率的前30名作為成分股，各成分股的權重，以現金股利率來決定，也就是說，現金股利率愈高的公司，其比重愈大。

另外，電子與金融相關ETF也值得留意。投資人可透過戰略性策

略，也就是台股電金輪漲的慣性，搭配市場上成交量佳、追蹤電子與金融類指數的ETF（例如0053寶電子、0055寶金融、0052FB科技、0059FB金融），來做類股輪動的波段操作工具，具體交易方式則可使用一些技術指標來輔助買賣進出場點。

因為不見得每檔ETF成交量都很高，所以不是所有的ETF都適合定額定價或定期定額買進，通常是成交量最大ETF如台灣50（0050）比較適合定期定額策略，成交量不夠大的ETF最好採取賺價差的策略，比較有利。在此提供了3種策略供投資人參考：

（圖1）2步驟查詢台灣50成分股與所占權重

台灣50包含哪些股票、每一檔股票的占比各有多少呢？你可以進台灣證券交易所的網站查詢得知：

進入台灣證券交易所網站（www.twse.com.tw/ch），點選「交易資訊」→「與FTSE合作編製指數」→「台灣50指數當日成分股」

進入網頁後，即可看到台灣50最新成分股票與所占權重

資料來源：台灣證券交易所

策略1》用移動平均線來判定進出時機

移動平均線代表的是一定期間內的「平均成本」，所以當股價漲或跌至平均線附近，可以當作股價的壓力或支撐。一般會以短天期均線由下向上穿過長天期均線，作為一買進訊號，而當短天期均線跌破長天期均線，則視為一賣出訊號。

策略2》用KD指標當作買賣訊號

KD指標（stochastic oscillator，隨機指標）一般是拿來判斷目前市場買賣雙方的交易熱絡程度。通常在80以上被視為超買區，20以下則視為超賣區。因為D值較K值平緩，因此當K值在超賣區向上穿越D值時，表示趨勢發生改變，為一買進訊號；而當K值在超買區向下跌破D值時，則為賣出訊號。

策略3》指數區間整理，可用金字塔操作

對於指數區間有規畫的投資人，可採正金字塔分4次買進、倒金字塔分4次賣出的策略。例如：若認為接下來一段時間，指數區間落在6,500點～8,500點，取中間值7,500點，當指數每下修250點，就拿1/10資金進場；當再往下跌250點，指數為7,000點時，再

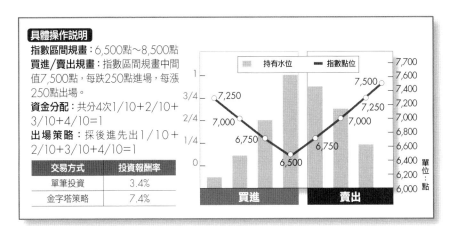

具體操作說明

指數區間規畫：6,500點～8,500點
買進/賣出規畫：指數區間規畫中間值7,500點，每跌250點進場，每漲250點出場。
資金分配：共分4次1/10+2/10+3/10+4/10=1
出場策略：採後進先出1/10+2/10+3/10+4/10=1

交易方式	投資報酬率
單筆投資	3.4%
金字塔策略	7.4%

拿2/10資金進場；如果指數又再下跌250點，到6,750點，則再拿3/10資金買進；最後若再跌250點，來到6,500點，就將剩餘4/10的資金全部投入。

　　至於何時賣出？當指數每往上漲250點就部分出場，第1次賣出1/10，第2次賣出2/10，第3次賣出3/10，最後上漲到8,500點，就將剩下的4/10全部出清。

先認清6因素，再進場投資ETF

　　那麼，該如何挑選ETF？可從6項因素來考量：

1.合適性：並不是所有的ETF都適合所有的投資人，在挑選ETF前，

投資人必須先了解1檔ETF是否合適於自身的投資策略及整體投資組合。

2. **基本面**：ETF所追蹤指數的證券評價、驅動市場上漲的要素皆是需要加以考慮的部分。

3. **指數成分**：投資人應檢視ETF所追蹤指數的組成結構及其成分股所占的比重。

4. **產品結構**：ETF產品可被區分為現貨ETF或合成ETF。現貨ETF直接投資於追蹤標的指數的成分股現貨，合成ETF則是運用衍生性金融工具來複製指數報酬的ETF。雖然合成ETF的報酬仍可能緊密追蹤標的指數，但買進合成ETF的投資人卻需承擔衍生性金融交易之交易對手風險。

5. **基金費用**：費用是造成同類型ETF間報酬表現較大差異的主要原因之一。一般來説，投資人應選擇費用較低的ETF產品。

6. **替代產品**：市場上可能會同時存在多檔追蹤相同標的指數的ETF產品，投資人必須對這些產品的追蹤誤差、流動性等等要素進行比較。

投資範圍廣、費用較低
上網輕鬆交易美股ETF

撰文：《Smart 智富》編輯部

指數股票型基金（ETF）這種被動式、跟隨追蹤標的指數來投資的工具，由於交易方式如同股票，但只要投資一檔ETF，就等於購買了一籃子的股票來投資，也不會如主動式基金績效受該檔基金經理人的操盤左右，因此近年來廣受投資人的喜愛，例如在台灣就有台灣50（0050）、台灣高股息（0056）等。

不過在台灣目前可投資的ETF檔數僅20多檔，選擇性很低，而且大部分仍是投資台股市場。如果想投資其他國家的市場，難道就不能用ETF這種指數化投資來操作嗎？其實，美國目前可投資的ETF檔數已經超過1,600檔，幾乎可對應到全球各地市場、各種資產類別。因此如果你很喜歡指數化投資，但是覺得在台灣買不到適合的標的，不妨考慮前進美國券商，開立美國證券交易帳戶，就能大幅擴增投資標的。

受惠於目前網際網路的發達，想要擁有美國券商帳戶，你並不需要親臨美國，只要在網路上點點滑鼠，就能夠馬上申請，之後的每次買賣，也只需要在網路上就可完成交易，也能隨時查看帳戶狀態，對於

國際投資人來說非常方便。甚至有的券商為了吸引客戶加入，還會提供許多的優惠措施，例如TD Ameritrade就提供客戶享有101檔ETF免費交易，對於想要以ETF作為主要投資工具的投資人來說，能夠省下大筆手續費，非常划算。

《Smart智富》團隊特別採訪知名財經部落客綠角，介紹美股ETF的投資方式：

手續費》定額收取，本金愈大費率愈低

在美國，基金可分為「有佣基金（Load Funds）」以及「免佣基金（No-load Funds）」，兩者的差距即在投資基金時，是否需要繳交一定比率的佣金。而在台灣，絕大多數發行的基金皆為有佣基金，例如買進股票型基金需付3%的「手續費」，這種按照成交金額百分比計收的費用，其實就是「佣金」。真正的手續費，是不論你成交金額的大小，均收取一筆固定金額的費用。

而在美國，ETF的交易方式就如同股票，因此在買賣手續費的收費方式也同股票，是每次收取定額的手續費。例如每次交易就收取7美元（約合新台幣220元），不管你的金額大小、買進或賣出，都是7美元。因此若你買進價值1,000美元的ETF，則手續費7美元的費用率

為0.7%，遠低於在國內購買基金的佣金費率。

　　每家券商對於ETF交易的手續費金額不一，例如史考特證券（Scottrade）收取7美元，TD Ameritrade則要收取9.99美元（約合新台幣315元）。因此在這種收費模式下，若你單筆投資的金額愈大，就愈具有經濟效益。以史考特證券為例，假設你單筆投資100美元以及1萬美元，則費用率分別為7%與0.07%，因此若你選擇的券商有提供免手續費的ETF交易，就可以省下大筆費用。

　　只是要特別注意，這些券商提供免費交易的ETF，常會有最低持有期限的規定，例如之前曾提過的TD Ameritrade就規定買進後，至少需持有30天，若不滿30天就賣出，要收取19.98美元（約合新台幣629元）的短線交易費用。

交割日》交易3日後才真正交割入戶

　　在台灣，股市交易最小的單位為1張，即1,000股，若資金不夠買下1張，則需在盤後以零股交易；但美國股票與ETF的最小交易單位為1股，因此你可以根據你的資金多寡，選擇要買賣幾股，不必受限於「1張」的限制，對於小額投資人來說，也有機會買到股價高的大型績優股。

　　美國股市的交易時間是在美東時間早上9點30分到下午4點，若是夏季，則相當於台灣時間晚上9點30分到凌晨4點，冬季時則往後遞延1個小時。因此對於上班族來說，這樣的交易時間反而更容易掌控，下班後就可以專心進行自己的投資事業。

　　另外，美股交割採「T＋3」制，也就是交易日（Trade date）加3個營業日，例如星期一為交易日，則交割日為星期四。而交割日的意義，就是到了交割當天，賣出證券所得資金，才算真正撥給賣方，買進證券所得股票，才算真正撥給買方。

　　因此若你是採「現金帳戶」者，且習慣以「賣掉A股票的資金，拿去買B股票」的這種操作方式，就必須要特別注意，如果你買進B股票之後又要賣掉，在A股票的交割日之前，不可以賣出B股票。

　　也就是說，假如你的戶頭裡只有價值1,000元的A股票，你在星期一賣掉A股票，當日又買進1,000元的B股票，則至少要等到星期五你才能再賣掉B股票，因為要到星期四的交割日，你才算真正付清買B股票的款項。

　　如果你在這之前就把B股票賣掉，等於你賣出一個還沒付清款項的證券，這就「違背良好誠信（Good faith violation）」，你的帳戶將

被標記一次違規，如果你在一年內累積發生4次，帳戶將會有90天的限制交易期，買賣的時候會有更嚴格的規定，要特別注意。

稅款》資本利得免稅，配息預扣30%

大部分的台灣投資人並不具有美國國籍，因此是以國際投資人的身分在美國開戶投資，而美國政府會針對不同國籍的投資人有不同的稅務做法。

就台灣投資人來說，資本利得的部分，並不會被課稅。資本利得也就是指低買高賣中間賺到的價差，不管你的投資工具是股票、債券、基金或ETF等，美國政府都不會對你課資本利得稅。

但是對於配息，美國政府則會預先扣取30%的稅款，股票、基金或ETF的現金配息，在扣除30%後，剩下的70%才會匯進你的券商帳戶裡，歸入現金部位。假如你想拿這筆現金配息再投資、買進原標的，也是要等到扣除30%後才能進行。例如你持有的某檔ETF，每股配息1美元，扣除30%後，你實際戶頭裡只會拿到每股0.7美元的配息。

這部分有機會在每年報稅的時候，向美國國稅局申請退稅取回，但並不保證每個人都能成功取得退稅，仍是要視投資人的個別稅務狀況

而定。30%的稅率看起來很高，事實上，就算完全不申請預課稅款退稅，使用美國券商投資ETF的成本，仍是比在台灣投資要便宜許多。而且美國政府只針對配息的30%課稅，其實對於配息率不高的標的，影響並不大。

標的組合》少檔數就可囊括全球市場

美國的ETF超過1,600檔，幾乎你想得到的投資市場及產業，都有相對應的ETF可供投資。綠角建議，如果想要建立一個囊括全球市場的投資組合，就非常適合挑選美股ETF當作主要的投資工具。

以綠角本身為例，他是把美股ETF當作未來退休的長期投資準備，因此他以110減去自己目前的年齡，算出適合的股債比為8：2，並且以資金配置建立穩健的投資組合，以大範圍的國際市場當作投資標的，整個投資組合範圍擴及全球。

例如他選擇在股市部分投資美國、歐洲、亞太市場以及新興市場地區；債市則以美國政府以及國際公債等為主，這樣的資產配置僅需要8檔ETF，即可全部囊括，費用率還遠低於傳統的主動型基金，並且因為美股規定最小交易單位為1股，因此即使資金不多，也有辦法布局全球。

匯款費用》定期定額延長至1季省成本

　　雖然在美國購買ETF的成本很低，但是匯款到美國也會有一筆匯款費用，若非使用可免費交易的ETF，則還會有交易手續費。因此為了盡量降低投資費用，綠角建議，投資人可以選擇每年一次將整年度所需的投資資金匯入到美國戶頭，則接下來的一整年度，就不需要再煩惱匯款問題，想要買賣時，就可直接由美國的戶頭進行，節省時間與成本。

　　一般來說，將匯款成本控制在0.5%以下會比較好，所以如果你的國際匯款費用為新台幣500元，則表示只要每次匯出的金額在新台幣10萬元以上，就可以把費用比率壓低在0.5%以下，當然，若中間還有轉行費用，也要一併考慮進去。

　　綠角建議，若選擇美股ETF作為主要投資工具，可以以一季為單位，每季定期買進目標投資標的。每季投資不僅省事，也可降低投資成本，而且每季定期定額投資的效果跟每月投資的效果相當。

　　他特別提醒，選擇每季定期投入之後，就不要再管股價高低，一定要有紀律的買進，之後只要每年做一次總檢視，把投資組合的比率再平衡為當初設定的比重即可。

Smart 智富

台灣ETF教父劉宗聖
簡單搞懂ETF實戰操作

作者　　劉宗聖

商周集團
榮譽發行人　金惟純
執行長　　　王文靜

Smart 智富
總經理兼總編輯　　　　朱紀中
執行副總編輯兼出版總監　林正峰
攝影　　　　　　　　　翁挺耀
編輯主任　　　　　　　楊巧鈴
副主編　　　　　　　　李曉怡
編輯　　　　　　　　　連宜玫、邱慧真、胡定豪、劉筱祺
　　　　　　　　　　　施茵曼、林易柔
封面設計　　　　　　　廖洲文
版面構成　　　　　　　黃凌芬、張麗珍、廖彥嘉、林美玲
資深影音編輯　　　　　陳俊宇

出版　　　　Smart 智富
地址　　　　104 台北市中山區民生東路二段 141 號 4 樓
網站　　　　smart.businessweekly.com.tw
客戶服務專線　（02）2510-8888
客戶服務傳真　（02）2503-5868
發行　　　　英屬蓋曼群島商家庭傳媒股份有限公司城邦分公司

製版印刷　　科樂印刷事業股份有限公司
初版一刷　　2015 年（民 104 年）2 月

Smart 自學網

誠摯邀請您加入 Smart 自學網，透過自學網，您將定期獲得最新的出版訊息、課程講座，以及各類優惠活動資訊，歡迎您上網登錄。

登錄網址：http://bit.ly/1wo281P

臉書粉絲團關注中！

Smart 智富月刊
facebook.com/smartmonthly

盤後同學會
facebook.com/55vip

下班同學會
facebook.com/55job